记忆高手

从过目不忘到脱口而出的记忆训练

〔日〕池田义博 著

見るだけで勝手に記憶力がよくなるドリル 3

中国青年出版社
CHINA YOUTH PRESS

图书在版编目（CIP）数据

记忆高手：从过目不忘到脱口而出的记忆训练／（日）池田义博著；陈瑜译.
—北京：中国青年出版社，2021. 8
ISBN 978-7-5153-6431-5

Ⅰ.①记… Ⅱ.①池… ②陈… Ⅲ.①记忆术 Ⅳ.①B842.3

中国版本图书馆 CIP 数据核字（2021）第110651号

「見るだけで勝手に記憶力がよくなるドリル3」（池田義博）
MIRUDAKE DE KATTE NI KIOKURYOKU GA YOKUNARU DRILL 3
Copyright © Yoshihiro Ikeda, 2020
Original Japanese edition published by Sunmark Publishing, Inc. Tokyo, Japan.
Simplified Chinese edition published by arrangement with Sunmark Publishing, Inc. through
Japan Creative Agency Inc., Tokyo.
Simplified Chinese translation copyright © 2021 by China Youth Press.
All rights reserved.

记忆高手：从过目不忘到脱口而出的记忆训练

作　　者：〔日〕池田义博
译　　者：陈　瑜
策划编辑：肖颖慧
责任编辑：肖　佳
文字编辑：张祎琳
美术编辑：张　艳
出　　版：中国青年出版社
发　　行：北京中青文文化传媒有限公司
电　　话：010-65511270／65516873
公司网址：www.cyb.com.cn
购书网址：zqwts.tmall.com
印　　刷：大厂回族自治县益利印刷有限公司
版　　次：2021年8月第1版
印　　次：2021年8月第1次印刷
开　　本：880×1230　1／32
字　　数：40千字
印　　张：5
京权图字：01-2020-6961
书　　号：ISBN 978-7-5153-6431-5
定　　价：39.90元

记忆力的秘密

1 加强记忆的关键是"灵感"

首先感谢每一位选择阅读此书的读者。在大家的支持下，记忆力系列已经出到第三本了。尤其让我欣喜的是，每次刚一发行完，就有读者来询问什么时候出下一本。

接下来就向首次挑战"记忆力练习"的读者介绍有关记忆的形成机制以及"记忆力练习"的正确学习方式。已经读过第一本和第二本的读者可以直接从第7页开始阅读。

提升记忆力的关键在于"情绪"。儿童的记忆力恰好是可以如实反映这一点的。他们拥有超强记忆力的原因就在于孩子们拥有旺盛的好奇心。因为对某件事感兴趣所带来的兴奋感可以产生刺激"小脑扁桃体"的效果，而这种刺激对旁边的"海马体"也会产生影响。由于"海马体"是管理记忆的场所，所以人的好奇心越旺盛，记忆力也就越容易加强。

在本系列中，将着重为大家介绍如何像儿童一般给大脑以强烈的刺激从而使记忆力自然而然增强的方法。

而这个方法正是能改变我们对万事万物的看法的"灵感"。比如，"一开始没有留意，后来才突然有所发现"的这种感觉。就像漫画里经常出现的当灵感来临时，主角头上会亮起一个小灯泡。当人们欢呼着"我明白了！""我找到了！"，"记忆开关"就会开启，大脑处于兴奋的状态，所以记忆力也自然会提升。

2 打磨灵感传感器——"记忆力练习"的掌握方法

本书将获得灵感的意识称为"灵感传感器"。打开记忆开关、提升注意力的灵感传感器可以分为五类：

1 探知传感器 找到隐藏线索的快感能激发大脑记忆力。

2 分类传感器 找出共同点、提炼内容，增加可记忆的信息。

3 对照传感器 灵活运用知识、提升记忆效率，不做无用功。

4 图像传感器 利用图像的力量，充分发挥大脑中潜藏的记忆力。

5 关联传感器

越是产生关联的信息在关键的时候越是容易被想起。

本书的"记忆力练习"旨在轻松地打磨灵感传感器来提升记忆力，所以题目答错也没关系。集中精力思考这件事本身就有很大的意义，所以不用追求快速，慢悠悠地享受做题的过程即可。不管是什么时候解题、按什么顺序解题，都没有限制。如果非要推荐的话，可以选择"早上起床以后至上午十点之间"以及"下午四点至晚饭前"这两个大脑相对比较容易运转的时间段，按书中编排的顺序做题。假如一天做两道题的话，35天就可以做完。当然，每个人步调不同，按自己的节奏来做题即可。

不论是在想不起答案后再一遍遍地解题，还是前后章节交叉着做题，都可以给大脑不断加以刺激来增强记忆效果。不断温习不擅长的章节也是非常好的方法。

3 记忆力可以通过"背诵挑战"成倍地提升

有不少读者已经读过本系列的第一本和第二本书了，为了进一步提高大家的记忆力水平，本书还收录了"背诵挑战"。

背诵的意思是通读一遍句子并理解后，不看原文、放声将其复述出来。在背诵这一过程中，我们必须活用"内容理解""图像化""复习""输出"等大脑记忆的环节。换句话说，在记忆句子并将句子再复述出来的过程中，我们即可有效地锻炼记忆力，促进记忆力的提升。

用比较专业的话来说，在心理学中，只有经历了"铭记（把内容记下来）-> 保持（记住并不忘记）->想起（把内容回想出来）"这三个过程，才能真正地把东西记忆下来。背诵包括了上述这三个元素。通过以下五点我们将进一步了解这些过程。

1	**理解内容**	在内容都没有理解的前题下，就算想死记硬背大脑也不会接受。因此，在试图记住内容之前一定要先做好理解这一准备工作。
2	**将句子图像化**	对大脑来说，图像远比文字更容易被记住，这是大脑的一个重要特征。所以，为了更好地记忆，我们有必要将文字转换为图像。
3	**调动情绪**	上文中提到，一旦情绪产生波动，海马体便会受到刺激，记忆力也会增强。所以，在试图记住句子时可以尝试充分感受这段文字带来的情感冲击。
4	**尽量不要看原文**	有研究表明，在背诵的时候尽量遮住原文、只检查想不起来的部分可以更有效地帮助记忆。
5	**大声朗读句子**	发出声地去读，一边动用自己的听觉一边去记忆吧。多多同时使用五官可以有效加强记忆。出声复述可以使背诵的内容更好地留存在大脑中。

让备考效率惊人般提高的背诵技巧

背诵挑战对于必须要记忆大量内容的备考学习来说也是非常有用的。请一边参照第7页的要点一边尝试背诵下列例文。

请尝试记忆以下短文。

孩子推着辆装有三箱苹果的小车，晃晃悠悠地前进。（在那儿卖掉了一箱苹果）

孩子推着辆装有两箱苹果的小车，晃晃悠悠地前进。（在这儿卖掉了一箱苹果）

孩子推着辆只剩一箱苹果的小车，晃晃悠悠地前进。（在不知道哪儿的地方卖掉了一箱苹果）

孩子坐上了这辆车，向着家的方向，晃晃悠悠地前进。

请一边回想空白处填入缺少的内容，一边试着背诵短文。

[   ]推着辆装有[   ]的[   ]，[   ]地前进。([   ]卖掉了[   ])

[   ]推着辆装有[   ]的[   ]，[   ]地前进。([   ]卖掉了[   ])

[   ]推着辆[   ]的[   ]，[   ]地前进。([   ]卖掉了[   ])

[   ]坐上了[   ]，向着[   ]的方向，[   ]地前进。

不能一下子完整地想出来也没关系。可以利用本书的两个背诵挑战或者找一些自己喜欢的短文来多加练习。

序章 记忆力的秘密

加强记忆的关键是"灵感" / 003

打磨灵感传感器——"记忆力练习"的掌握方法 / 005

记忆力可以通过"背诵挑战"成倍地提升 / 007

让备考效率惊人般提高的背诵技巧 / 009

第1章 探知传感器练习

探知传感器练习例题 / 014

探知传感器练习 / 017

探知传感器练习答案 / 031

背诵挑战 1-1 / 038

第2章 分类传感器练习

分类传感器练习例题 / 040

分类传感器练习 / 043

分类传感器练习答案 / 057

背诵挑战 1-2 / 064

第3章 对照传感器练习

对照传感器练习例题 / 066

对照传感器练习 / 069

对照传感器练习答案 / 083

背诵挑战 2-1 / 090

第4章 图像传感器练习

图像传感器练习例题 / 092

图像传感器练习 / 095

图像传感器练习答案 / 113

背诵挑战 2-2 / 120

第5章 关联传感器练习

关联传感器练习例题 / 122

关联传感器练习 / 125

关联传感器练习答案 / 153

第 1 章

探知传感器练习

**探知传感器
练习**

1

寻找被隐藏起来的词语

在这张拼音表格中，可以找出10个不同的关于饮品的词语的拼音。请快速地找出这些词语的拼音。拼音的阅读顺序是从上到下，从左到右。

例题 在表格中找出10个关于饮品的词语。

kai	ke	le	pa	fan	ping	mu	su	da	shui	xian
guo	zi	fu	po	kou	guo	ke	yue	zuo	mi	kua
suan	mei	tang	nu	de	zhi	pa	ku	ke	ga	pai
he	duo	zhi	gu	hu	run	ru	yan	ka	xue	tu
li	rui	zu	da	ei	na	na	ta	me	bi	zhi
mei	suo	ka	fei	qu	zi	niu	man	su	ni	ka
zi	ku	ji	chi	ke	you	za	yi	pa	yu	pan
jiu	jia	niu	ni	kou	ri	te	me	pu	wu	hou
hu	ru	nai	ren	ke	ro	mu	ye	mi	gui	de
tie	le	mou	kui	le	ze	ai	bi	pu	tao	jiu

kai	ke	le	pa	fan	ping	mu	su	da	shui	xian
guo	zi	fu	po	kou	guo	ke	yue	zuo	mi	kua
suan	mei	tang	nu	de	zhi	pa	ku	ke	ga	pai
he	duo	zhi	gu	hu	run	ru	yan	ka	xue	tu
li	rui	zu	da	ei	na	na	ta	me	bi	zhi
mei	suo	ka	fei	qu	zi	niu	man	su	ni	ka
zi	ku	ji	chi	ke	you	za	yi	pa	yu	pan
jiu	jia	niu	ni	kou	ri	te	me	pu	wu	hou
hu	ru	nai	ren	ke	ro	mu	ye	mi	gui	de
tie	le	mou	kui	le	ze	ai	bi	pu	tao	jiu

尝试按照数字或者图标的顺序移动视线。
头部尽量不要动。

例题　请将视线从数字1移动到10。脸尽量不要动。

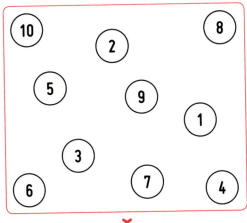

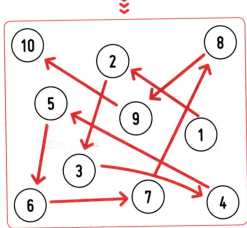

3

改变读句子的方式

下面的短文中，隐藏着拼音生母相同的字。标点符号可以忽略，请尽量快速地找出这些字。

例题 下面的短文中隐藏着拼音首字母都为"j"的7个字。句号、顿号等标点符号可以忽略，只从文字中找寻即可。

家附近住着我的一位好友。她的名字是田村佐纪。她性格活泼开朗，甚至到了被老师训斥"安静一点"的程度。而另一方面，我的性格却很消极，很难交到朋友。和田村佐纪截然不同。

家（家：*jia*）附近（近：*jin*）住着我的一位好友。她的名字是田村佐纪（纪：*ji*）。她性格活泼开朗，甚至到了被老师训斥"安静（静：*jing*）一点"的程度。而我的性格却很消极（极：*ji*），很难交（交：*jiao*）到朋友。和田村佐纪截（截：*jie*）然不同。

请找出拼音表格中隐藏的10个关于宝石的词语的拼音。拼音的阅读顺序是从上到下，从左到右。

hong	ke	le	zhen	zhu	ping	mu	shan	da	lü	xian
bao	zi	fu	po	kou	guo	ke	hu	zuo	song	kua
shi	da	shui	nu	de	zhi	pa	ku	ke	shi	pai
he	duo	zhi	gu	hu	run	hei	yan	ka	xue	tu
li	bai	shui	jing	ei	na	ma	ta	me	bi	zhi
mei	suo	ka	fei	qu	zi	nao	man	kong	que	shi
zu	ku	ji	chi	ke	you	da	yi	pa	yu	pan
mu	jia	niu	zi	shui	jing	te	me	pu	wu	hou
lü	ru	nai	ren	ke	rou	mu	ye	fei	gui	de
tie	le	mou	kui	le	ze	ai	bi	cui	tao	jiu

请找出拼音表格中隐藏的10个中国地名的词语的拼音。拼音的阅读顺序是从上到下，从左到右。

hong	ke	le	zhen	zhu	ping	mu	shan	da	lü	xian
bao	zi	fu	po	nan	guo	ke	hu	cheng	song	kua
shi	da	shui	nu	jing	zhi	pa	ku	du	shi	shen
he	shang	zhi	gu	hu	run	hei	yan	ka	xue	yang
li	hai	shui	jing	ei	na	shen	zhen	me	bi	zhi
mei	suo	ka	fei	qu	zi	nao	man	kong	que	shi
su	zhou	ji	bei	jing	you	da	yi	chong	yu	pan
mu	jia	niu	zi	shui	jing	te	me	qing	ru	hou
lü	guang	nai	ren	ke	rou	mu	ye	fei	gui	de
tie	zhou	mou	kui	le	ze	hang	zhou	cui	tao	jiu

请在表格中找出5个按"1、2、3、4、5"的顺序排列的连续单元格。阅读顺序是从上到下，从左到右。

探知传感器
练习 ①

3

1	2	3	1	4	3	1	2	3	4	2
2	1	4	1	3	4	2	5	4	5	1
5	2	3	2	1	2	3	4	5	1	2
1	3	4	3	1	1	4	4	3	2	3
1	2	3	4	5	1	5	4	3	3	4
2	1	1	5	5	2	3	4	1	4	1
3	2	3	1	2	3	4	1	2	3	2
4	4	1	2	3	4	5	2	3	1	3
5	1	2	3	4	5	1	3	4	2	4
1	2	3	4	2	4	1	2	3	4	5

请在表格中找出10个含有"♠♥♦♣"符号的上下四格单元格。符号的排列顺序任意即可。

补充：比如像 或者 这样，只要包含有这四个符号即可，排列顺序忽略不计。

请沿着下图的起点至终点找出7个川菜菜名的拼音。

探知传感器
练习②

1

起点

xiang	yu	dao	bu	que		ti	hei	wen	ji	bo		zui
rou				shi		run				bo		hua
si				ke		bi				zhi		mao
wo				dui		pu				kan		xue
gao				xian		ni				li		wang
ta	fei	bi	xu	hu	jin	tian	lai	ling	gao	wei	zai	liu	tian	li	ke
				si				fu				xiu		cha	ai
				zhi				qi				e		hua	pan
				yi				fei				fu		qu	yu
kou	bu	ke	lu	yuan	fa	bi	qu	pian	zu	dei	de	gei	bai	bai	ban
shui				fang				suo				shun			chi
ji				di				jian				wei			ou
nei				ding				shan				liu			xue
qi				ji				xi				nu			gua
fou				bao	gong	ning	nin	qing				qi	fu	dou	po	ma

终点

请将数字①至④沿着图中折线的顺序，按所经折线上的指示进行加减乘除运算。视线沿着折线移动的过程中头部尽量不要动。

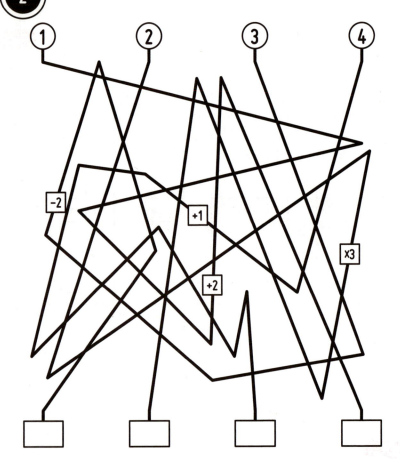

请将视线从数字1按顺序移动至数字30，在这过程中头部尽量不要动。

探知传感器
练习 ②

3

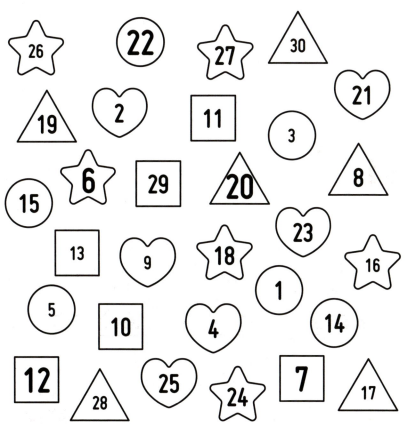

探知传感器
练习 ②

4

请在下图中从起点按顺序数出符号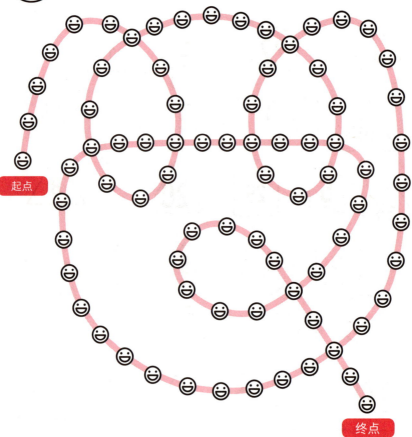出现的次数。头部尽量不要动。请注意交汇的地方不要重复数。

起点

终点

下面的短文中，隐藏着拼音声母相同的字。标点符号可以忽略，请尽量快速地找出6个声母都为"*j*"的字。

探知传感器
练习③

1

今天是市里举行象棋大赛的日子。我的比赛对手井上忽然喊住了我，"山田，等一等！"不过，我可等不了他了。因为这次比赛的大奖非常丰厚。为了走到这一步我可是通过了层层的历练。要想获胜就避不开这个井上。这次比赛我一定要赢。谁也别想拦下我这股劲头。

下面的短文中，隐藏着拼音声母相同的字。标点符号可以忽略，请尽量快速地找出4个声母都为"z"的字。

昨天我做了个很可怕的梦。这会儿回想起来我都不由得打起冷颤。在梦里，我一开始正吃着美味佳肴，接下来发生了不寻常的事：等我快要吃完的时候，从门外突然闯进来一个怪物，而我也不知怎么地全身都被绑了起来。

下面的短文中，隐藏着拼音声母相同的字。标点符号可以忽略，请尽量快速地找出6个声母都为"*m*"的字。

我一进教室，田中就赶紧靠了过来，"听说木村老师把那些不听他话的和言行让他不满意的同学都给记下来了。所以啊，像你这样天天挑人家刺儿的，一定也进黑名单了。"这时候，被当作是我们班麦当娜的佐佐木正好经过，"你别每个礼拜都在这儿散播谣言。"田中马上就被分散了注意力，喃喃道，"佐佐木的身材果然是好啊。"

探知传感器
练习 ③

4

下面的短文中，隐藏着拼音声母相同的字。标点符号可以忽略，请尽量快速地找出5个声母都为"x"的字。

因为想看某个知名画家的画，所以来了美术馆。画家齐藤是一个才华横溢的人物。我在某一幅人物画前停下了脚步。画中的人物那微微扬起的嘴唇、直直地望着前方的瞳孔和那又高又挺的鼻梁都营造出一股高贵的气息。除了我以外，还有另外三位访客也在欣赏这幅画。他们看上去也很爱人物画。我思考要不要和他们搭话呢，不过转念一想，这样的心思或许也没必要和他人言说。

下面的短文中，隐藏着拼音声母相同的字。标点符号可以忽略，请尽量快速地找出5个声母都为"l"的字。

探知传感器
练习 ③

5

和前辈一起来了居酒屋。这儿是我们的上司推荐的店。"今天我们就聊个痛快。有什么想吐槽的尽管讲出来。先点些吃的吧。最近我最爱吃的就是这家店的菜了。唷，今天的推荐菜是鸡肉锅呀。喂喂喂，你的鼻涕都流出来了，可真脏呀。"前辈啰啰嗦嗦地说个没完。

探知传感器
练习 ③

6

下面的短文中，隐藏着拼音声母相同的字。标点符号可以忽略，请尽量快速地找出9个声母都为"y"的字。

《天使的礼物》这部电影我已经看过五遍了，实在是看腻了。尽管如此我还是又借来看了。要说为什么的话，是因为我实在是太喜欢电影里扮演女经理的那位女演员了。尤其喜爱她在车站向男友挥手直至他的身影最终消失的那一幕。

探知传感器练习答案

探知传感器
练习①

1

hong	ke	le	zhen	zhu	ping	mu	shan	da	lü	xian
bao	zi	fu	po	kou	guo	ke	hu	zuo	song	kua
shi	da	shui	nu	de	zhi	pa	ku	ke	shi	pai
he	duo	zhi	gu	hu	run	hei	yan	a	xue	tu
li	bai	shui	jing	ei	na	ma	ta	me	bi	zhi
mei	suo	ka	fei	qu	zi	nao	man	kong	que	shi
zu	ku	ji	chi	ke	you	da	yi	pa	yu	pan
mu	jia	niu	zi	shui	jing	te	me	pu	wu	hou
lü	ru	nai	ren	ke	rou	mu	ye	fei	gui	de
tie	le	mou	kui	le	ze	ai	bi	cui	tao	jiu

（黑玛瑙 白水晶 红宝石 珍珠
珊瑚 紫水晶 祖母绿 孔雀石
绿松石 翡翠）

探知传感器
练习①

2

hong	ke	le	zhen	zhu	ping	mu	shan	da	lü	xian
bao	zi	fu	po	nan	guo	ke	hu	cheng	song	kua
shi	da	shui	nu	jing	zhi	pa	ku	du	shi	shen
he	shang	zhi	gu	hu	run	hei	yan	ka	xue	yang
li	hai	shui	jing	ei	na	shen	zhen	me	bi	zhi
mei	suo	ka	fei	qu	zi	nao	man	kong	que	shi
su	zhou	ji	bei	jing	you	da	yi	chong	yu	pan
mu	jia	niu	zi	shui	jing	te	me	qing	ru	hou
lü	guang	nai	ren	ke	rou	mu	ye	fei	gui	de
tie	zhou	mou	kui	le	ze	hang	zhou	cui	tao	jiu

（上海、北京、
广州、深圳、
成都、重庆、
杭州、南京、
沈阳、苏州）

031

探知传感器
练习 ①

3

1	2	3	1	4	3	1	2	3	4	2
2	1	4	1	3	4	2	5	4	5	1
5	2	3	2	1	2	3	4	5	1	2
1	3	4	3	1	1	4	4	3	2	3
1	2	3	4	5	1	5	4	3	3	4
2	1	1	5	5	2	3	4	1	4	1
3	2	3	1	2	3	4	1	2	3	2
4	4	1	2	3	4	5	2	3	1	3
5	1	2	3	4	5	1	3	4	2	4
1	2	3	4	2	4	1	2	3	4	5

探知传感器
练习 ①

4

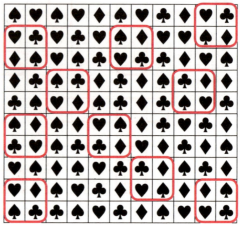

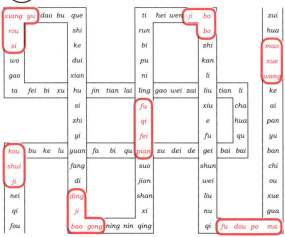

xiang yu	dao	bu	que		ti	hei	wen	*ji*	*bo*			zui	
rou			shi			run			*bo*			hua	
si			ke			bi			zhi			*mao*	
wo			dui			pu			kan			*xue*	
gao			xian			ni			li			*wang*	
ta	fei	bi	xu	hu	jin	tian	lai	ling	gao	wei	zai	liu tian li	ke
				si				*fu*				xiu cha	ai
				zhi				*qi*				e hua	pan
				yi				*fei*				fu qu	yu
kou	bu	ke	lu	yuan	fa	bi	qu	*pian*	zu dei de	gei bai bai			ban
shui				fang				suo			shun		chi
ji				di				jian			wei		ou
nei								shan			liu		xue
qi			*ding*					xi			nu		gua
fou			*ji*							qi	*fu dou po ma*		
		bao gong	ning nin qing										

（毛血旺、麻婆豆腐、
钵钵鸡 、夫妻肺片 、
宫保鸡丁、鱼香肉丝、
口水鸡）

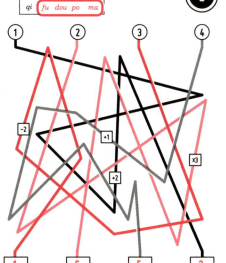

033

78个

1

今天是市里**举**行象棋大赛的日子。我的比赛对手**井**上忽然喊住了我，"山田，等一等！"不过，我可等不了他了。因为这次比赛的大**奖**非常丰厚。为了走到这一步我可是通过了层层的历练。要想获胜**就**避不开这个井上。这次比赛我一定要赢。谁也别想拦下我这股**劲**头。

（今:jin）（举:ju）（井:jing）（奖:jiang）（就:jiu）（劲:jin）

2

昨天我**做**了个很可怕的梦。这会儿回想起来我都不由得打起冷颤。**在**梦里，我一开始正吃着美味佳肴，接下来才发生了不寻常的事：等我快要吃完的时候，从门外突然闯进来一个怪物，而我也不知**怎**么地全身都被绑了起来。

（昨:zuo）（做:zuo）（在:zai）（怎:zen）

我一进教室，田中就赶紧靠了过来，"听说木村老师把那些不听他话的和言行让他不满意的同学都给记下来了。所以啊，像你这样天天挑人家刺儿的，一定也进黑名单了。"这时候，被当作是我们班麦当娜的佐佐木正好经过，"你别每个礼拜都在这儿散播谣言。"田中马上就被分散了注意力，喃喃道，"佐佐木的身材果然是好啊。"

（木:mu）（满:man）（名:ming）（麦:mai）（每:mei）（马:ma）

因为想看某个知名画家的画，所以来了美术馆。画家齐藤是一个才华横溢的人物。我在某一幅人物画前停下了脚步。画中的人物那微微扬起的嘴唇、直直地望着前方的瞳孔和那又高又挺的鼻梁都营造出一股高贵的气息。除了我以外，还有另外三位访客也在欣赏这幅画。他们看上去也很爱人物画。我思考要不要和他们搭话呢，不过转念一想，这样的心思或许也没必要和他人言说。

（想:xiang）（息:xi）（欣:xin）（许:xu）

和前辈一起<u>来</u><u>了</u>居酒屋。这儿是我们的上司推荐的店。"今天我们就<u>聊</u>个痛快。有什么想吐槽的尽管讲出来。先点些吃的吧。最近我最爱吃的就是这家店的菜了。唔，今天的推荐菜是鸡肉锅呀。喂喂喂，你的鼻涕都<u>流</u>出来了，可真脏呀。"前辈<u>啰</u>啰嗦嗦地说个没完。

（来 : *lai*）（了 : *le*）（聊 : *liao*）（流 : *liu*）（啰 : *luo*）

《天使的礼物》这部电<u>影</u>我<u>已</u>经看过五遍了，实在是看腻了。尽管如此我还是<u>又</u>借来看了。要说为什么的话，是<u>因</u>为我实在是太喜欢电影里扮<u>演</u>女经理的那位女演<u>员</u>了。<u>尤</u>其喜爱她在车站向男<u>友</u>挥手直至他的身影最终消失的那<u>一</u>幕。

（影 : *ying*）（已 : *yi*）（又 : *you*）（因 : *yin*）（演 : *yan*）（员 : *yuan*）

（尤 : *you*）（友 : *you*）（一 : *yi*）

背诵挑战 1-1 请按照第7页介绍的记忆方法尝试背诵下面的短文，背下来以后请翻到第64页。

《夏日之歌》，中原中也

青空下没有一丝风吹过，

万里无云，

在这夏日白昼的寂静里，

连柏油都泛着清亮的光。

夏日的天空里似有何物，

唤起那些往日纯真回忆，

暴晒中的向日葵勇敢地，

向着乡下的车站盛开着。

就像母亲在熟练地照看孩子，

火车的汽笛声也骤然响起来

就在奔向山旁时。

在奔向山旁之时，

像母亲似地火车响起汽笛声，

就在盛夏白昼无边的酷热中。

第 2 章

分类传感器练习

通过词语联想，将最左侧的词和最右侧的词联接起来。联想时不仅限于使用名词。自己认为词语间有联系就算是正解，有点牵强也没关系。找到目标词语的前一个词语是难点所在，所以诀窍就是从后往前联想。

分类传感器
练习

1

通过联想来将词语联接起来

例题 请通过词语联想，将最左侧的词和最右侧的词联接起来。

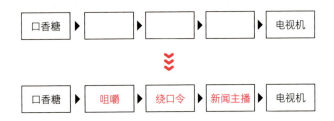

口香糖 ▶ □ ▶ □ ▶ □ ▶ 电视机

❯❯

口香糖 ▶ 咀嚼 ▶ 绕口令 ▶ 新闻主播 ▶ 电视机

按照不同的主题将词语或者图形进行分类。请尽量快速地进行分类，并找到符合不同主题的词语或者图形。

例题 在下列汉字中，隐藏有一个不能和"会"进行组词的字（"会"放在词前词后都可以）。请尽量快速地找出这个字。

宴	员	期	合	见
社	场	餐	心	谈
长	司	开	话	体
费	学	议	计	协
国	机	面	晤	再

≫

宴	员	期	合	见
社	场	餐	心	谈
长	（司）	开	话	体
费	学	议	计	协
国	机	面	晤	再

2

将词语进行分类

以下各组词语都有各自的共通点。请找出共通处并总结出符合共通点的词语。

3

找出共通点

例题 下列词按某些条件分成了两组。请找出这两组各自的共通点。

排装巧克力	比萨
百元钞票	硬币
榻榻米	相扑台

排装巧克力	比萨
百元钞	硬币
榻榻米	相扑台
四边形	**圆形**

请通过联想词语，将最左侧的词和最右侧的词连接起来。

分类传感器
练习 ①

1

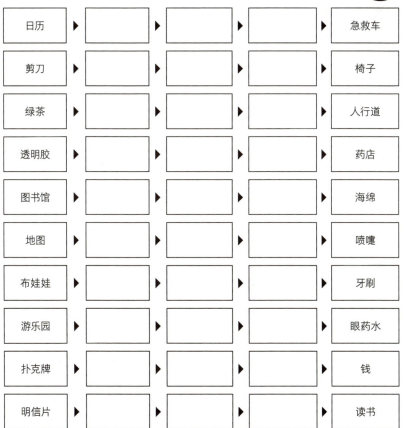

日历	▶		▶		▶		▶	急救车
剪刀	▶		▶		▶		▶	椅子
绿茶	▶		▶		▶		▶	人行道
透明胶	▶		▶		▶		▶	药店
图书馆	▶		▶		▶		▶	海绵
地图	▶		▶		▶		▶	喷嚏
布娃娃	▶		▶		▶		▶	牙刷
游乐园	▶		▶		▶		▶	眼药水
扑克牌	▶		▶		▶		▶	钱
明信片	▶		▶		▶		▶	读书

请通过联想词语，将最左侧的词和最右侧的词连接起来。

体操	▶		▶		▶		▶	麦克风
握手	▶		▶		▶		▶	星座
吹风机	▶		▶		▶		▶	鱼
线	▶		▶		▶		▶	跑鞋
高尔夫	▶		▶		▶		▶	二氧化碳
桌子	▶		▶		▶		▶	仙贝
学校	▶		▶		▶		▶	涂料
面包	▶		▶		▶		▶	关西方言
冰箱	▶		▶		▶		▶	刷子
头盔	▶		▶		▶		▶	轮胎

请通过联想词语，将最左侧的词和最右侧的词连接起来。

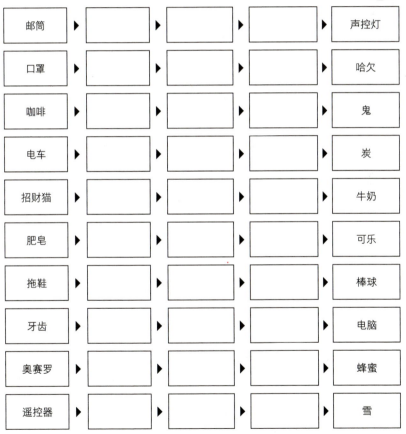

邮筒	▶		▶		▶		▶	声控灯
口罩	▶		▶		▶		▶	哈欠
咖啡	▶		▶		▶		▶	鬼
电车	▶		▶		▶		▶	炭
招财猫	▶		▶		▶		▶	牛奶
肥皂	▶		▶		▶		▶	可乐
拖鞋	▶		▶		▶		▶	棒球
牙齿	▶		▶		▶		▶	电脑
奥赛罗	▶		▶		▶		▶	蜂蜜
遥控器	▶		▶		▶		▶	雪

请通过联想词语，将最左侧的词和最右侧的词连接起来。

芝麻	▶		▶		▶		▶	加油站
报纸	▶		▶		▶		▶	太阳
台阶	▶		▶		▶		▶	珍珠
年糕	▶		▶		▶		▶	银行
榻榻米	▶		▶		▶		▶	衣服
口红	▶		▶		▶		▶	窗户
注射	▶		▶		▶		▶	白色
团子	▶		▶		▶		▶	蜂巢
国王	▶		▶		▶		▶	贝雷帽
酱油	▶		▶		▶		▶	中华料理

在下列汉字中，隐藏有一个不能和"人"进行组词的字（"人"放在词前词后都可以）。请尽量快速地找出这个字。

1

友　恩　体　口　新

爱　参　物　生　怪

外　数　猿　仙　种

格　间　制　古　行

家　大　力　商　情

分类传感器
练习 ②

2

在25个图案中，对折后无法完全重叠的有几个?
提示：上下或者左右，甚至斜着折叠都可以。

请在这些运动中找出5个必须带头盔才能进行的运动。

分类传感器
练习 ②

3

美式橄榄球

乒乓球

跳台滑雪

排球

冰壶

羽毛球

花样滑冰

门球

足球

柔术

手球

举重

躲避球

拳击

橄榄球

艺术体操

篮球

棒球

水球

垒球

沙滩排球

接力赛

冰球

游泳

网球

分类传感器
练习②

4

下列表格可以按表中词语分为3个不同的区域。请尝试找出这3个区域。

芝麻	花林糖	砂糖	牛奶	白萝卜
海苔	红姜	辣椒	番茄	米饭
轮胎	口红	邮筒	鲑鱼籽	雪
可乐	血	鸟居	消防车	厕所
鹿尾菜	炭	咖啡	灭火器	牙齿
黑色礼服	乌鸦	婚纱	棉花糖	豆腐

下列6组词语按某些条件分成了两部分。请找出每一部分的共通点。

分类传感器
练习 ③

1

❶

鸽子 燕子 鹰	鸵鸟 企鹅 鸸鹋

❹

乌龙茶 橙汁 牛奶	可乐 啤酒 苏打水

❷

雪人 暖桌 春节	海水浴 西瓜 盂兰盆节

❺

长颈鹿 犀牛 驯鹿	大象 河马 狗

❸

比萨 乌冬面 大阪烧	饭团 年糕 仙贝

❻

莲藕 茭白 水稻	小麦 玉米 棉花

分类传感器
练习 ③

2

下列6组词语按某些条件分成了两部分。请找出每一部分的共通点。

1

一角	十元
五角	五十元
一元	一百元

4

响板	长笛
鼓	小号
木琴	单簧管

2

刨冰	拉面
冰咖啡	关东煮
空调	熨斗

5

北狐	大海
毛蟹	甘蔗
冰雪节	冲绳狮像

3

天空	青椒
大海	抹茶
蓝宝石	绿宝石

6

大象	北极熊
长颈鹿	老虎
骆驼	狮子

下列6组词语按某些条件分成了两部分。请找出每一部分的共通点。

①

纱窗	自由女神铜像
铝箔	奖牌
易拉罐	铜丝

④

系	光
能	夜
黑子	食

②

劳动节	辛亥革命纪念日
母亲节	国庆节
五四青年节	国际盲人节

⑤

咖啡	柠檬
啤酒	话梅
苦瓜	醋

③

火	水
登	滨
顶	岸

⑥

瑜伽	桑巴
头巾	咖啡
骆驼	足球

下列每一组的空格中都可以填入一个相同的字使之
成为完整的成语。请填入每一组缺少的字。

全□全意
□烦意乱
齐□协力
∨

❶ [   ]

呆□呆脑
出人□地
□脑冷静
∨

❷ [   ]

拜□求神
杯蛇□车
□话连篇
∨

❸ [   ]

□不暇接
□不忍见
头晕□眩
∨

❹ [   ]

火上浇□
□腔滑调
□尽灯枯
∨

❺ [   ]

瞬□万变
屏□凝神
□□相通
∨

❻ [   ]

下列每一组的空格中都可以填入一个相同的字使之成为完整的成语。请填入每一组缺少的字。

大快朵□
□指气使
展眉解□
⌄
①

□气方钢
□脉相通
热□沸腾
⌄
④

忍□吞声
心浮□躁
朝□蓬勃
⌄
②

尖嘴□腮
弄鬼吊□
沐□而冠
⌄
⑤

井□之蛙
刨根问□
釜□抽薪
⌄
③

露出马□
手忙□乱
□踏实地
⌄
⑥

下列每一组的空格中都可以填入一个相同的字使之
成为完整的成语。请填入每一组缺少的字。

殚精竭☐
一臂之☐
☐不从心

❶ ☐☐☐☐☐

措☐不及
束☐无策
触☐可及

❹ ☐☐☐☐☐

守☐如瓶
心直☐快
脱☐而出

❷ ☐☐☐☐☐

伶牙俐☐
咬牙切☐
何足挂☐

❺ ☐☐☐☐☐

掇臀捧☐
狗☐不通
☐滚尿流

❸ ☐☐☐☐☐

摩拳擦☐
高☐远跖
抚☐击节

❻ ☐☐☐☐☐

● 分类传感器练习答案

日历 ▸	周末 ▸	红色 ▸	警笛 ▸	急救车
剪刀 ▸	工具 ▸	锯子 ▸	木工 ▸	椅子
绿茶 ▸	蒸气 ▸	白色 ▸	白线 ▸	人行道
透明胶 ▸	粘贴 ▸	膏药贴 ▸	药 ▸	药店
图书馆 ▸	书 ▸	知识 ▸	吸收 ▸	海绵
地图 ▸	打开 ▸	旧书 ▸	灰尘 ▸	喷嚏
布娃娃 ▸	熊 ▸	犬牙 ▸	牙齿 ▸	牙刷
游乐园 ▸	观光车 ▸	旋转 ▸	眼睛 ▸	眼药水
扑克牌 ▸	卡片 ▸	信用卡 ▸	银行 ▸	钱
明信片 ▸	邮票 ▸	收集 ▸	趣味 ▸	读书

分类传感器
练习①
1

体操 ▸	广播体操 ▸	广播 ▸	新闻主播 ▸	麦克风
握手 ▸	手 ▸	手相 ▸	占卜 ▸	星座
吹风机 ▸	风 ▸	流动 ▸	河川 ▸	鱼
线 ▸	细 ▸	筷子 ▸	成对 ▸	跑鞋
高尔夫 ▸	草坪 ▸	植物 ▸	光合作用 ▸	二氧化碳
桌子 ▸	木材 ▸	一次性筷子 ▸	掰开 ▸	仙贝
学校 ▸	美术 ▸	画具 ▸	涂 ▸	涂料
面包 ▸	面粉 ▸	大阪烧 ▸	大阪 ▸	关西方言
冰箱 ▸	冷却 ▸	头 ▸	头发 ▸	刷子
头盔 ▸	施工 ▸	道路 ▸	汽车 ▸	轮胎

分类传感器
练习①
2

※ 仅仅是作为参考，只要填入的词逻辑通顺即可。

分类传感器
练习①

3

※节分：节分虽
然是指四季交替
的时节，但在日
本一般特指立春
的前一天，进行
驱鬼的仪式，撒
黄豆将鬼赶走。

邮筒	▶	红色	▶	信号	▶	忽亮忽灭	▶	声控灯
口罩	▶	流感	▶	病毒	▶	传染	▶	哈欠
咖啡	▶	豆	▶	黄豆	▶	节分※	▶	鬼
电车	▶	车票	▶	纸	▶	可燃	▶	炭
招财猫	▶	猫	▶	老鼠	▶	奶酪	▶	牛奶
肥皂	▶	泡泡	▶	碳酸	▶	饮料	▶	可乐
拖鞋	▶	室内	▶	乒乓球	▶	运动	▶	棒球
牙齿	▶	牙医	▶	预约	▶	网络	▶	电脑
奥赛罗	▶	黑白(电影)	▶	熊猫	▶	熊	▶	蜂蜜
遥控器	▶	红外线	▶	取暖器	▶	冬天	▶	雪

分类传感器
练习①

4

芝麻	▶	芝麻油	▶	油	▶	汽油	▶	加油站
报纸	▶	晨报	▶	早晨	▶	日出	▶	太阳
台阶	▶	螺旋	▶	海螺	▶	贝壳	▶	珍珠
年糕	▶	春节	▶	压岁钱	▶	存钱	▶	银行
榻榻米	▶	柔道	▶	带子	▶	和服	▶	衣服
口红	▶	化妆	▶	镜子	▶	玻璃	▶	窗户
注射	▶	医院	▶	医生	▶	白衣	▶	白色
团子	▶	串串	▶	插	▶	蜜蜂	▶	蜂巢
国王	▶	王冠	▶	戴	▶	帽子	▶	贝雷帽
酱油	▶	黄豆	▶	豆腐	▶	麻婆豆腐	▶	中华料理

※仅仅是作为参考，只要填入的词逻辑通顺即可。

友	恩	体	口	新
爱	参	物	生	怪
外	数	猿	仙	种
格	间	(制)	古	行
家	大	力	商	情

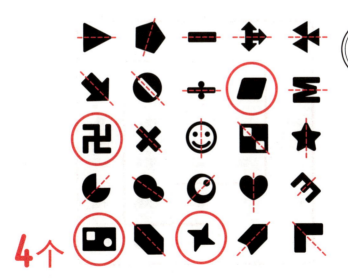

4个

美式橄榄球

乒乓球

排球

跳台滑雪

冰壶

羽毛球

花样滑冰

门球

足球

柔术

手球

举重

躲避球

拳击

橄榄球

艺术体操

篮球

棒球　水球

垒球

接力赛

沙滩排球

冰球

游泳

网球

芝麻	花林糖	砂糖	牛奶	白萝卜
海苔	红姜	辣椒	番茄	米饭
轮胎	口红	红 邮筒	鲑鱼籽	雪
黑 可乐	血	鸟居	消防车	白 厕所
鹿尾菜	炭	咖啡	灭火器	牙齿
黑色礼服	乌鸦	婚纱	棉花糖	豆腐

分类传感器
练习③

❶ 可以飞的鸟	飞不了的鸟	❹ 无碳酸	有碳酸
❷ 常在冬天出现	常在夏天出现	❺ 有角	无角
❸ 面粉制品	米制品	❻ 水田作物	旱田作物

分类传感器
练习③

❶ 硬币	纸币	❹ 打击乐器	管弦乐器
❷ 冷的	热的	❺ 常在北海道出现	常在冲绳出现
❸ 蓝色	绿色	❻ 食草动物	食肉动物

分类传感器
练习③

3

❶	铝制	铜制
❷	发生在五月	发生在十月
❸	可与"山"组词	可与"海"组词

❹	可与"太阳"组词	可与"月"组词
❺	苦味	酸味
❻	联想到印度	联想到巴西

分类传感器
练习③

4

❶	心
❷	头
❸	鬼

❹	目
❺	油
❻	息

分类传感器
练习③

5

❶ 颐	❹ 血
❷ 气	❺ 猴
❸ 底	❻ 脚

分类传感器
练习③

6

❶ 力	❹ 手
❷ 口	❺ 齿
❸ 屁	❻ 掌

请一边回忆第38页的短文，一边填入空格中缺少的词语。完成以后请翻回到第38页进行检查。

《夏日之歌》，中原中也

[　　] 没有 [　　　　]，

万里 [　　]，

在这 [　　　] 的 [　] 里，

连 [　] 都 [　　　　]。

[　　　　] 似有 [　]，

唤起那些 [　　　　]，

[　　　　] 勇敢地，

向着 [　] 的 [　　] [　] 着。

就像 [　] 在 [　　　　]，

[　　　　　] 也骤然响起来

就在 [　　] 时。

在 [　　　] 之时，

像 [　] 似地 [　] 响起 [　　]，

就在 [　　　] 无边的 [　] 中。

第 **3** 章

对照传感器练习

1

根据给出的4个提示词找出对应的词语

请找出4个提示词的共通点，联想出一个与它们都关联的词语。

例题 请找出4个提示词的共通点，并找出一个由此联想到的词。

牛郎织女	农历七月
姻缘	乞巧

➡️

⏬

牛郎织女	农历七月
姻缘	乞巧

➡️

七夕

词语的一部分拼音是空白的。请填入缺少的拼音部分，分别构成5个不同的词语。音调可以忽略不计。

例题 请在白框内填入恰当的拼音，构成五个不同的词语。

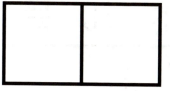

参考答案

gong wu yuan：公务员

tong xin yuan：同心圆

lei ren yuan：类人猿

yuan ming yuan：圆明园

yang lao yuan：养老院

※ 仅为参考答案。填入的拼音能组成词语即可。

填入空白处缺少的拼音部分
构成完整的词语

文字、熟语以及歌词的顺序被打散了。请重新组合，找出原有的词语或者歌曲。

**对照传感器
练习**

3

组装词语或文字

例题 请重新组合这4个偏旁，使之成为一个二字词语。

木　木　几　目

相机

请找出4个提示词的共通点，并找出一个由此联想到的词语。

对照传感器
练习①

1

1

金属	罐装果汁
踢罐头	易拉罐

➡

2

大富翁	麻将
概率	立方体

➡

3

手持镜	哈哈镜
饼干镜	放大镜

➡

4

蜂针	蜂巢
蜂蜜	蜂王

➡

5

终点线	纸胶带
透明胶带	录音带

➡

6

羊羹	大福
鲷鱼烧	铜锣烧

➡

7

可颂	鹅肝
拿破仑	葡萄酒

➡

8

本垒	三振出局
投手	棒球拍

➡

9

芝士	淡奶油
生奶油	生日蛋糕

➡

10

日本刀	刻刀
木刀	铸刀

➡

请找出4个提示词的共通点，并找出一个由此联想到的词语。

1

起子	改锥
十字	螺丝钉

➡ [ ]

2

番茄牛腩	番茄酱
番茄意面	西红柿

➡ [ ]

3

斗笠	遮阳
雨	折叠

➡ [ ]

4

下巴	雄性激素
剃须刀	毛发

➡ [ ]

5

蜡烛	元宵节
灯彩	照明

➡ [ ]

6

大白鲨	软骨素
巨齿鲨	鱼肝油

➡ [ ]

7

草莓大福	草莓酱
日本枥木县	草莓蛋糕

➡ [ ]

8

雪国	雪女
冰雪节	雪人

➡ [ ]

9

面粉	天妇罗
咖喱乌冬	赞岐

➡ [ ]

10

榻榻米	腰带
立技	一本

➡ [ ]

请找出4个提示词的共通点，并找出一个由此联想到的词语。

对照传感器
练习 ①

3

1

大豆	发酵
调味品	酱香

➡

2

咀嚼	智齿
口腔	烤瓷

➡

3

包装	植物纤维
印刷	蔡伦

➡

4

橄榄	葵花籽
炸鸡	大豆

➡

5

虾油	钙
天妇罗	龙虾

➡

6

猴子	仙人蕉
蕉园	水果

➡

7

搅拌机	砖块
道路	水泥

➡

8

雾霾	花粉症
流感	过敏

➡

9

软体动物	牡蛎
珍珠	扇贝

➡

10

冰	速度
鞋子	滚轮

➡

请找出4个提示词的共通点，并找出一个由此联想到的词语。

1

腰带	束腰
PU革	真皮

➡ [   ]

2

镜片	近视
老花眼	散光

➡ [   ]

3

光线	恒星
公转	日

➡ [   ]

4

俱乐部	泰格·伍兹
球童	球洞

➡ [   ]

5

柯基	犬
哈士奇	秋田

➡ [   ]

6

钢	磁性
金属	冶金

➡ [   ]

7

医生	药剂师
研究人员	护士

➡ [   ]

8

树木	枫红
光合作用	绿色

➡ [   ]

9

小麦	牛角包
吐司	三明治

➡ [   ]

10

日本	江户
银座	天空树

➡ [   ]

请在白框内填入恰当的拼音，构成5个不同的成语。音调可以忽略不计。

对照传感器
练习②

1

❶ tou ☐ ☐ ☐

❷ yi ☐ ☐ ☐

❸ an ☐ ☐ ☐

对照传感器
练习 ②

2

请在白框内填入恰当的拼音，构成5个不同的成语。音调可以忽略不计。

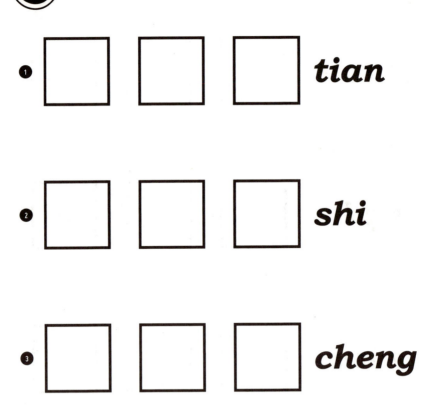

1 ⬜ ⬜ ⬜ *tian*

2 ⬜ ⬜ ⬜ *shi*

3 ⬜ ⬜ ⬜ *cheng*

请在白框内填入恰当的拼音，构成5个不同的成语。音调可以忽略不计。

对照传感器
练习②

① ☐ *wei* ☐ ☐

② ☐ *si* ☐ ☐

③ ☐ *chi* ☐ ☐

対照传感器
练习 ②

4

请在白框内填入恰当的拼音，构成5个不同的成语。音调可以忽略不计。

1 ☐ ☐ *li* ☐

2 ☐ ☐ *guan* ☐

3 ☐ ☐ *feng* ☐

下列是从儿歌中摘出的几句歌词。请猜一下它们分别源自哪一首儿歌。

对照传感器
练习 ③

1

❶ 跑得快　　一只没有耳朵　　真奇怪

❷ 穿花衣　　年年春天来这里　　今年这里更美丽

❸ 小嘛小儿郎　　只怕先生骂我懒哟　　没有学问那无颜见
爹娘

❹ 啦啦啦　　一面走，一面叫　　七个铜板就买两份报

❺ 白又白　　爱吃萝卜爱吃菜　　蹦蹦跳跳真可爱

❻ 在那山的那边海的那边　　他们活泼又聪明　　他们善
良勇敢相互都关心

下列是从歌曲中摘出的几句歌词。请猜一下它们分别源自哪一首歌曲。

1 明天你是否会想起　　猜不出问题的你　　谁给你做的嫁衣

2 长得好看又善良　　在回城之前的那个晚上　　从没流过的泪水

3 知了在声声叫着夏天　　黑板上老师的粉笔　　等待游戏的童年

4 不要问我从哪里来　　为什么流浪　　为了山间轻流的小溪

5 你曾经问我的那些问题　　分给我快乐的往昔　　摇摇头说这太神秘

6 白浪逐沙滩　　坐在门前的矮墙上　　踩着薄暮走向余辉

请重新组合黑框里的3个偏旁，使之成为一个字。

对照传感器
练习 ③

3

1 寸　身　言

2 木　目　竹

3 共　羽　田

4 立　里　目

5 品　火　木

6 足　雨　各

请重新组合黑框里的4个偏旁，使之成为一个字。

❶ | 匕 月 厶 匕 |

❷ | 十 月 十 日 |

❸ | 巳 巴 扌 共 |

❹ | 立 曰 刀 口 |

❺ | 牛 虫 刀 角 |

❻ | 女 雨 木 目 |

请重新组合黑框里的4个偏旁，使之成为一个二字词语。

对照传感器 练习 ③

5

❶
且	未	女	女

❷
卜	扌	目	木

❸
昌	欠	口	哥

❹
周	言	各	木

❺
门	各	娄	木

❻
各	次	贝	木

对照传感器
练习 ③

6

请重新组合黑框里的4个或5个偏旁，使之成为一个二字词语。

1 | 王　里　官　竹

2 | 昔　酉　米　唐

3 | 刀　害　衣　列

4 | 士　立　日　心　心

5 | 日　月　皿　力　口

6 | 山　欠　甘　衣　壮

● 对照传感器练习答案

❶	罐头
❷	骰子
❸	镜子
❹	蜜蜂
❺	胶带

❻	日式点心
❼	法国
❽	棒球
❾	奶油
❿	刀

❶	螺丝刀
❷	番茄
❸	伞
❹	胡须
❺	灯笼

❻	鲨鱼
❼	草莓
❽	雪
❾	乌冬
❿	柔术

❶	酱油
❷	牙齿
❸	纸
❹	油
❺	虾

❻	香蕉
❼	混凝土
❽	口罩
❾	贝壳
❿	滑冰

❶	皮带
❷	眼镜
❸	太阳
❹	高尔夫
❺	狗

❻	铁
❼	白衣
❽	叶子
❾	面包
❿	东京

1 tou ☐ ☐ ☐   **2 yi** ☐ ☐ ☐   **3 an** ☐ ☐ ☐

tou tao bao li
（投桃报李）
tou qi suo hao
（投其所好）
tou tou mo mo
（偷偷摸摸）
tou yun mu xuan
（头晕目眩）
tou zhong jiao qing
（头重脚轻）
等等

yi xin yi yi
（一心一意）
yi xiao da fang
（贻笑大方）
yi lao mai lao
（倚老卖老）
yi qi feng fa
（意气风发）
yi ku si tian
（忆苦思甜）
等等

an pin le dao
（安贫乐道）
an bing bu dong
（按兵不动）
an bu jiu ban
（按部就班）
an jian nan fang
（暗箭难防）
an du chen cang
（暗渡陈仓）
等等

1 ☐ ☐ ☐ **tian**   **2** ☐ ☐ ☐ **shi**   **3** ☐ ☐ ☐ **cheng**

cang hai sang tian
（沧海桑田）
xie jia gui tian
（解甲归田）
zuo jing guan tian
（坐井观天）
zhi shou zhe tian
（只手遮天）
yi ku si tian
（忆苦思甜）
等等

yi wu yi shi
（一五一十）
shi shi qiu shi
（实事求是）
nu mu er shi
（怒目而视）
yue yue yu shi
（跃跃欲试）
wu suo shi shi
（无所事事）
等等

xiang fu xiang cheng
（相辅相成）
zhong zhi cheng cheng
（众志成城）
yi mai xiang cheng
（一脉相承）
ri ye jian cheng
（日夜兼程）
zong heng chi cheng
（纵横驰骋）
等等

対照传感器
练习②

3

❶ ☐ *wei* ☐ ☐   ❷ ☐ *si* ☐ ☐   ❸ ☐ *chi* ☐ ☐

hao wei ren shi
（好为人师）
su wei mou mian
（素未谋面）
xu wei yi dai
（虚位以待）
fang wei du jian
（防微杜渐）
wu wei ju quan
（五味俱全）
等等

jiu si yi sheng
（九死一生）
chou si bo jian
（抽丝剥茧）
ge si qi zhi
（各司其职）
gong si fen ming
（公私分明）
bai si bu jie
（百思不解）
等等

chun chi xiang yi
（唇齿相依）
jiu chi rou lin
（酒池肉林）
hao chi lan zuo
（好吃懒做）
xiang chi bu xia
（相持不下）
bu chi xia wen
（不耻下问）
等等

对照传感器
练习②

4

❶ ☐ ☐ *li* ☐   ❷ ☐ ☐ *guan* ☐   ❸ ☐ ☐ *feng* ☐

an shen li ming
（安身立命）
jia chang li duan
（家长里短）
gua tian li xia
（瓜田李下）
tian sheng li zhi
（天生丽质）
jin pi li jin
（筋疲力尽）
等等

mo bu guan xin
（漠不关心）
cha yan guan se
（察言观色）
jiao sheng guan yang
（娇生惯养）
quan shen guan zhu
（全神贯注）
yu shan guan jin
（羽扇纶巾）
等等

lei li feng xing
（雷厉风行）
lian tian feng huo
（连天烽火）
bu lu feng mang
（不露锋芒）
sheng bu feng shi
（生不逢时）
jie gu feng jin
（借古讽今）
等等

❶ 两只老虎	两只老虎，两只老虎，跑得快，跑得快，一只没有耳朵，一只没有尾巴，真奇怪! 真奇怪!
❷ 小燕子	小燕子，穿花衣，年年春天来这里，我问燕子你为啥来? 燕子说: "这里的春天最美丽!" 小燕子，告诉你，今年这里更美丽。
❸ 读书郎	小嘛小儿郎，背着那书包上学堂，不怕太阳晒，也不怕那风雨狂，只怕先生骂我懒哟，没有学问那无颜见爹娘。
❹ 卖报歌	啦啦啦! 啦啦啦! 我是卖报的小行家，不等天明去等派报，一面走，一面叫，今天的新闻真正好，七个铜板就买两份报。
❺ 小白兔乖乖	小白兔，白又白，两只耳朵竖起来，爱吃萝卜爱吃菜，蹦蹦跳跳真可爱。
❻ 蓝精灵之歌	在那山的那边海的那边，有一群蓝精灵，他们活泼又聪明，他们调皮又灵敏，他们自由自在生活在那，绿色的大森林，他们善良勇敢相互都关心。

❶ 同桌的你	明天你是否会想起，昨天你写的日记，明天你是否还惦记，曾经最爱哭的你? 老师们都已想不起，猜不出问题的你，我也是偶然翻相片，才想起同桌的你。谁娶了多愁善感的你，谁看了你的日记，谁把你的长发盘起，谁给你做的嫁衣?
❷ 小芳	村里有个姑娘叫小芳，长得好看又善良，一双美丽的大眼睛，辫子粗又长。在回城之前的那个晚上，你和我来到小河旁，从没流过的泪水，随着小河淌。
❸ 童年	池塘边的榕树上，知了在声声叫着夏天，操场边的秋千上，只有那蝴蝶停在上面，黑板上老师的粉笔，还在拼命叽叽喳喳写个不停，等待着下课，等待着放学，等待游戏的童年。
❹ 橄榄树	不要问我从哪里来，我的故乡在远方。为什么流浪，流浪远方。流浪! 为了天空飞翔的小鸟，为了山间轻流的小溪。为了宽阔的草原，流浪远方。流浪! 还有还有，为了梦中的橄榄树橄榄树。
❺ 睡在上铺的兄弟	睡在我上铺的兄弟，无声无息的你，你曾经问我的那些问题，如今再没人问起，分给我烟抽的兄弟，分给我快乐的往昔，你总是猜不对我手里的硬币，摇摇头说这太神秘
❻ 外婆的澎湖湾	晚风轻拂澎湖湾，白浪逐沙滩，没有椰林缀斜阳，只是一片海蓝蓝，坐在门前的矮墙上，一遍遍怀想，也是黄昏的沙滩上，有着脚印两对半，那是外婆拄着杖，将我手轻轻挽，踩着薄暮走向余辉暖暖的澎湖湾。

❶	谢	
❷	箱	
❸	翼	

❹	瞳	
❺	燥	
❻	露	

❶	能	
❷	朝	
❸	撰	

❹	韶	
❺	蟹	
❻	孀	

❶	姐妹	❹	格调	
❷	相扑	❺	阁楼	
❸	歌唱	❻	资格	

对照传感器
练习③

5

❶	管理	❹	意志	
❷	糖醋	❺	加盟	
❸	割裂	❻	装嵌	

对照传感器
练习③

6

背诵挑战 2-1

请按照第7页介绍的记忆方法尝试背诵下面的短文，背下来以后请翻到第120页。

《旅途》萩原朔太郎

虽然极其渴望去法国

可惜法国实在太遥远

但不管怎样，

我还是能换一身新衣

踏上一段自在的旅程。

当火车缓缓驶上山道

我靠在淡蓝色的窗边

独自品味着这份惬意

把这五月清晨的云霞

留给即将葱绿的新芽。

第 **4** 章

图像传感器练习

每一页都有20个以上下词语为一组的词语搭配。请将上下的两个词语进行搭配，构想出包含有这两个词语的意象的画面来记住这两个词。

相对更有趣、更有冲击力的联想画面更容易被记住。在构想好所有画面之后，请一边回想这些画面一边填入空格中缺少的词语。

 例题 请用上下两个词语来构想一幅画面。所有的词语都构想完之后，请回想出空格中应该填入的词语。

1	2	3
行李箱	拖鞋	书
菠萝包	围裙	泡菜

 画面示例
1. 在行李箱里放满菠萝包
2. 穿着有拖鞋图案的围裙做晚饭
3. 书里面夹着片泡菜

1	2	3
行李箱	拖鞋	书
菠萝包	围裙	泡菜

图像传感器练习

1

请思考填入空格中的词语

从A～D四个不同的方向看这张图，会得到不同的图像。请思考下方的图像分别对应A～D哪一个视角。

补充
A：从正面看　　B：从C的对面看
C：从侧面看　　D：从上方往下看

例题　请思考从A～D四个不同的方向看这张图，
分别会得到以下哪一个图像。

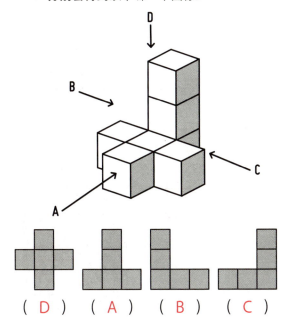

（D）　（A）　（B）　（C）

3

在脑海中绘图

请从起点处，按方格中的箭头前进，前进格数为方格中的数字。当到达终点时，涂满所经过的方格可以形成一个字。请不要用笔填涂，而是在脑海中想象那是个什么字。※

例题 从起点按箭头指示前进，当涂满所经过的方格会形成一个什么字呢。

↓3	←1	↘7	→3	↗6	↘7	↘2	↙2	↘7	←4
↘7	↓6	↘4	■-4	↑7	↓5	→1	↓2	↗3	←7
↘7	↘6	→1	↓6	↑4	↘6	↘4	←6	↓4	→3
↘5	↘7	↓2	↓2	↓3	↓5	↙1	→4	↘5	↙3
↙3	↓6	↗4	←6	←2	↘7	↘7	↓2	←4	↗2
↘7	↘5	↘5	→4	↓5	↙5	↘3	↓3	↘7	↘7
→7	↘1	↘7	→3	↘7	↗2	↘7	↑7	↗2	→2
↘5	↘7	↘7	↘7	↘3	↙2	■	→1	↘2	↗1
↗1	↓6	↘7	↗4	↘1	↘5	↙4	←1	↘7	↘5
→1	↘7	→3	↓1	↓6	↘7	↘7	↓5	↙7	↘7

■ 起点

■ 终点

弓

※不要实际在纸上填涂，
而是在脑海中想象会出现
什么字。

请用1 ～ 20的数字下方的上下两个词语来构想一幅画面。所有的词语都构想完一遍之后，请翻到第99页。

1	2	3	4	5
猴子	人行道	裙子	暴风雨	圣诞老人
乒乓球	竹笋	红酒	新娘	空手道

6	7	8	9	10
红茶	橄榄球	英雄	电梯	和尚
水煮蛋	红薯	烤肉	蒸气	运动会

11	12	13	14	15
洗脸台	舞者	观光景点	水肺潜水	骑马
潜水艇	牧场	家具	水坝	小丑

16	17	18	19	20
猜拳	魔法师	宠物店	约会	头巾
便利店	书法	松茸	冰山	牙医

图像传感器
练习 ①

2

请用1 ~ 20的数字下方的上下两个词语来构想一幅画面。所有的词语都构想完一遍之后，请翻到第100页。

1	2	3	4	5
面包店	小偷	婴儿车	石像	计时器
味噌汤	王冠	人偶	胶带	回转寿司

6	7	8	9	10
念珠	钉鞋	铲子	海水浴场	展览会
偶像	驯鹿	纳豆	狼	铝箔

11	12	13	14	15
滑冰	温度计	金属桶	水瓶	煎蛋卷
老虎	关东煮	腌菜	热带鱼	葡萄

16	17	18	19	20
薄烤饼	马克杯	鱼钩	网球场	打雷
盐	芝士	纸箱	蜡笔	刀

请用1 ～ 20的数字下方的上下两个词语来构想一幅画面。所有的词语都构想完一遍之后，请翻到第101页。

图像传感器
练习①

3

1	2	3	4	5
冲浪	吊桥	观光车	担架	纸杯
柔术	职业摔跤	钢琴家	鲸鱼	巧克力

6	7	8	9	10
塑料袋	拳击手	阳伞	纸巾	接力棒
团子	图书馆	沙漠	瀑布	天狗

11	12	13	14	15
妖怪	笔记本电脑	星座	陷阱	灯泡
足球	室外浴场	地平线	慢跑	隧道

16	17	18	19	20
燕子	自动贩卖机	音乐剧	落叶	面包
蓝天	图画书	白衣	烧烤	派对

请用1 ~ 20的数字下方的上下两个词语来构想一幅画面。所有的词语都构想完一遍之后，请翻到第102页。

1	2	3	4	5
折纸	搅拌机	咖喱饭	尾巴	泥
壁炉	大豆	西蓝花	刷子	庆典

6	7	8	9	10
钟	武士	帐篷	宝石	电灯
电池	体操	萤火虫	龙	昆虫

11	12	13	14	15
轨道	日本落语	音乐会	轮胎	翅膀
马车	长椅	头盔	游泳	作家

16	17	18	19	20
化石	天国	铅笔	绷带	喇叭
砖块	跑鞋	柴火	海带	电波

下表隐去了第95页的表格中的一部分词语。请试着回想刚才联想的画面，完成以下表格。

图像传感器
练习 ①

1

1	2	3	4	5
猴子	人行道	裙子	暴风雨	圣诞老人

6	7	8	9	10
红茶	橄榄球	英雄	电梯	和尚

11	12	13	14	15
洗脸台	舞者	观光景点	水肺潜水	骑马

16	17	18	19	20
猜拳	魔法师	宠物店	约会	头巾

下表隐去了第96页的表格中的一部分词语。请试着回想刚才联想的画面，完成以下表格。

1	2	3	4	5
面包店	小偷	婴儿车	石像	计时器

6	7	8	9	10
念珠	钉鞋	铲子	海水浴场	展览会

11	12	13	14	15
滑冰	温度计	金属桶	水瓶	煎蛋卷

16	17	18	19	20
薄烤饼	马克杯	鱼钩	网球场	打雷

下表隐去了第97页的表格中的一部分词语。请试着回想刚才联想的画面，完成以下表格。

1	2	3	4	5
冲浪		观光车	担架	纸杯
	职业摔跤			

6	7	8	9	10
			纸巾	
团子	图书馆	沙漠		天狗

11	12	13	14	15
妖怪		星座		
	室外浴场		慢跑	隧道

16	17	18	19	20
	自动贩卖机		落叶	
蓝天		白衣		派对

下表隐去了第98页的表格中的一部分词语。请试着回想刚才联想的画面，完成以下表格。

1	2	3	4	5
	搅拌机	咖喱饭		
壁炉			刷子	庆典

6	7	8	9	10
钟		帐篷		电灯
	体操		龙	

11	12	13	14	15
轨道	日本落语		轮胎	翅膀
		头盔		

16	17	18	19	20
	天国		绷带	喇叭
砖块		柴火		

请思考下方四张小图分别对应从A ～ D哪个角度看到的下图的画面。

 补充　　A：从正面看　　B：从C的对面看
　　　　　　　　C：从侧面看　　D：从上方往下看

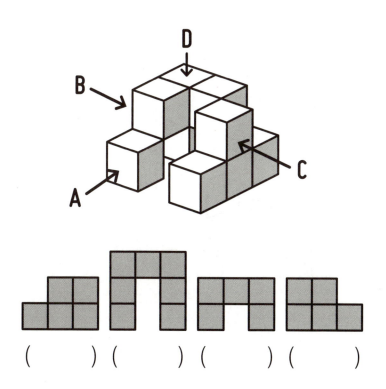

(　　　) (　　　) (　　　) (　　　)

请思考下方四张小图分别对应从A～D哪个角度看到的下图的画面。

补充　A：从正面看　　B：从C的对面看
　　　C：从侧面看　　D：从上方往下看

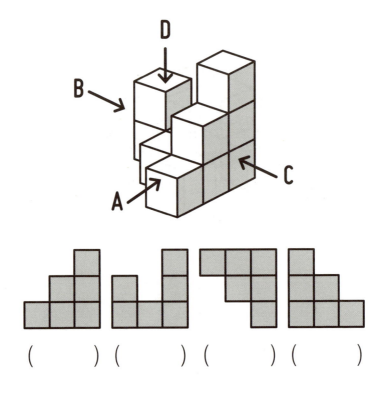

(　　　) (　　　) (　　　) (　　　)

请思考下方四张小图分别对应从A～E哪个角度看到的下图的画面。

补充

A：从正面看　　B：从C的对面看
C：从侧面看　　D：从上方往下看
E：从内侧向外看

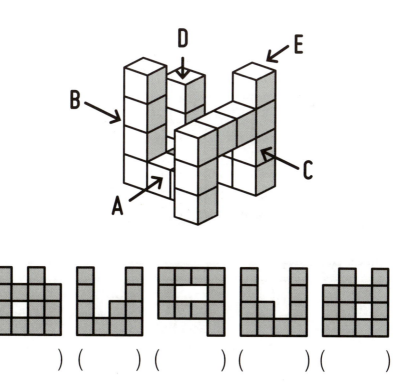

(　　) (　　) (　　) (　　) (　　)

请思考下方四张小图分别对应从A ~ E哪个角度看到的下图的画面。

补充

A：从正面看　　B：从C的对面看
C：从侧面看　　D：从上方往下看
E：从内侧向外看

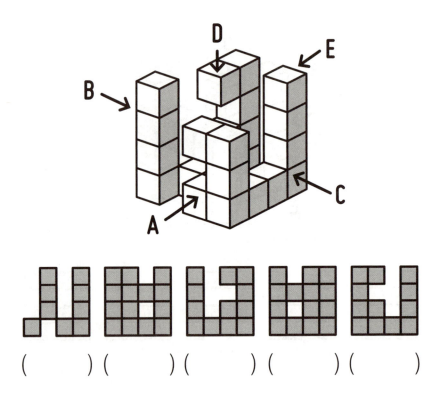

请从起点处，按方格中的箭头前进，前进格数为方格中的数字。当到达终点时，涂满所经过的方格可以形成一个字。请不要用笔填涂，而是在脑海里想象那是个什么字。

 起点　 终点

↓3	←1	↖7	←3	↗6	↘7	↘2	↙2	↖7	←4
↘7	↓6	↘4	↖4	↑7	↓5	→6	↓5	↗3	←7
↖7	↘6	→1	↑6	↑4	↘6	↘4	←6	↓4	→3
↘5	↘7	↓2	↙6	↓3	↓5	↙6	↙1	↖5	↙3
↙3	↑6	↗4	←6	←2	↖7	↘7	↓2	←4	↗2
↘7	↖5	↖5	↓2	↓5	↙5	↗3	→2	↖7	↖7
→7	↘1	↖7	←3	↖7	↗2	↖7	↑7	↗2	→2
↘5	↖7	↖7	←6	↘3	↙2	↖7	→1	↖2	↗1
↗1	↗6	↖7	↗4	↖7	↘5	↙4		↖7	↘5
→1	↖7	→3	↓1	↓6	↘7	↖7	↓5	↙7	↘7

107

图像传感器
练习 ③

2

请从起点处，按方格中的箭头前进，前进格数为方格中的数字。当到达终点时，涂满所经过的方格可以形成一个英文字母。请不要用笔填涂，而是在脑海里想象那是个什么英文字母。

■ 起点　　■ 终点

↖3	↑6	↑7	↗7	↖7	↘7	↘2	↖7	↘3	↗2
↖7	↓7	↖7	↗5	↖7	←6	↘7	↙3	↘2	↙1
↖1	↗3	↘2	↘6	←1	↖7	↘4	↑2	↑6	↑3
↖7	→2	↖3	↗7	↖7	↑6	↘7	↙2	↖5	←7
↑2	↙3	↑6	↘3	↖3	↖7	↘1	↘6	↙7	↖6
↓6	↖7	↗7	↗7	←2	↓1	←5	↗5	↗1	←1
↘5	↖7	↖7	↗7	→5	←6	↖7	↖7	→4	
←2	↖7	↙1	→7	↓2	↖7	↖7	↗4	↗7	↓3
↘4	🟥	↙6	↖7	↖7	→3	↓3	⬛↑7	↖2	↖7
→1	↙3	↑2	←2	←1	↖7	→6	↙2	↑7	↖7

请从起点处，按方格中的箭头前进，前进格数为方格中的数字。当到达终点时，涂满所经过的方格可以形成一个字。请不要用笔填涂，而是在脑海里想象那是个什么字。

■ 起点　　■ 终点

↘7	→7	→7	↘2	→4	↑2	↓7	←4	↘7	→3
↘7	↑5	↘3	↘7	→5	↘7	↘4	←4	↘7	↘7
↘7	↙3	↘2	→3	↙1	↙2	↓3	↖1	→4	↘7
↑5	↘7	←3	↘6	↓1	↘7	→6	→6	↗1	↘7
↘7	↖1	→6	↑3	↙3	↙6	↘6	↘4	↘7	→5
↘7	→2	←5	↑3	↑1	↗3	→2	↑1	↓3	↘1
↘2	↘7	↘6	↘3	↘7	↙5	↗1	↗2	←4	→2
↘7	↘7	←2	↑4	↘6	↗6	↘5	↙3	↑6	↘4
↓3	↑3		←7	↘7	↙1	→5	↘7	←6	↓4
↘7	↑6	↓1	↗5	↙3	↘7	↗6	↓6	←7	↓7

109

请从起点处，按方格中的箭头前进，前进格数为方格中的数字。当到达终点时，涂满所经过的方格可以形成一个字。请不要用笔填涂，而是在脑海里想象那是个什么字。

■ 起点　　■ 终点

↓7	↗3	↖7	←2	↖7	↖1	↖7	↙2	↖3	↖7
↗6	↖6		↖7	↗7	↓7	↖3	←5	↗5	→7
←1	↖7	↖7	↖6	→5	↖7	↘2	↓6	↓3	↑6
→1	←3	↑1	↖7	↗7	↙6	↑1	↘2	↖1	↖7
↖7	↙6	→5	↑5	↘1	→4	↖7	↑3	↑4	↓3
↖6	↗1	←2	←1	↙3	↖7	↑7	↖7	↑6	↖2
↖7	↖7	↓5	↖7	↖7	↖7	↙3	↓2	↗3	←4
←3	↖7	↑3	↓1	→7	↖7	↘5	↖7	↖7	↓1
←4	↖7	↓5	↖1	↗2	↗4	↓6	←4	↘3	↘2
↓2	←7	↘6	↗6	→5	↗2	↓1	↖7	→3	↓3

请从起点处，按方格中的箭头前进，前进格数为方格中的数字。当到达终点时，涂满所经过的方格可以形成一个英文字母。请不要用笔填涂，而是在脑海里想象那是个什么英文字母。

图像传感器
练习 ③

5

■ 起点　　■ 终点

↓7	↗3	↖7	←2	↖7	↖1	↖7	↙2	↖3	↖7
↗6	↖6	→3	↖7	↗7	↘1	↖3	←5	↗5	→7
←1	↖7	↖7	↖6	→5	↖7	↓1	↓6	↓3	↑6
→1	←3	↑1	↖7	↖7	↙6	↙1	↖2	↖1	↖7
↖7	↙6	→5	↘3	↘1	←2	↖7	↑3	↑4	↓3
↖6	↗1	←2	←1	↙3	↖7	↑7	↖7	↑6	↖2
↖7	↖7	↓5	↖7	↖7	↖7	↙3	↓2	↗3	←4
←3	↖7	↑6	↓1	→7	↖7		↖7	↖7	↓1
←4	↖7	↓5	↖1	↗2	↗4	↓6	←4	↘3	↘2
↓2	←7	↘6	↗6	→5	↗2	↓1	↖7	→3	↓3

111

请从起点处，按方格中的箭头前进，前进格数为方格中的数字。当到达终点时，涂满所经过的方格可以形成一个图形。请不要用笔填涂，而是在脑海里想象那是个什么图形。

■ 起点　　■ 终点

↓7	↗3	↘7	←2	↘7	↖1	↘7	↙2	↘3	↘7
↗6	↘6	→5	↘7	↗7	↘1	↘3	↓2	↗5	→7
←1	↘7	↗7	↘6	→5	↘7	↓1	↓6	↓3	↑6
→1	←3	↑2	←1	↓1	↙6	↙1	←3	↘1	↘7
↘7	↙6	→5	↘3	↙2	←2	↘7	↑3	↑4	↓3
↘6	↗1	←2	←1	↙3	↘7	↑7	↘7	↑6	↘2
↘7	↓2	←1	■	↘7	↘7	↙3	↓2	←5	←4
←3	↘7	↑6	↓1	→7	↘7	↓3	↘7	↘7	↓1
←4	→7	↓5	↘1	↗2	↗4	↓6	←4	↑2	↘2
↓2	←7	↘6	↗6	→5	↗2	↓1	↘7	→3	↓3

● 图像传感器练习答案

1	2	3	4	5
猴子	人行道	裙子	暴风雨	圣诞老人
乒乓球	竹笋	红酒	新娘	空手道

6	7	8	9	10
红茶	橄榄球	英雄	电梯	和尚
水煮蛋	红薯	烤肉	蒸气	运动会

11	12	13	14	15
洗脸台	舞者	观光景点	水肺潜水	骑马
潜水艇	牧场	家具	水坝	小丑

16	17	18	19	20
猜拳	魔法师	宠物店	约会	头巾
便利店	书法	松茸	冰山	牙医

1	2	3	4	5
面包店	小偷	婴儿车	石像	计时器
味噌汤	王冠	人偶	胶带	回转寿司

6	7	8	9	10
念珠	钉鞋	铲子	海水浴场	展览会
偶像	驯鹿	纳豆	狼	铝箔

11	12	13	14	15
滑冰	温度计	金属桶	水瓶	煎蛋卷
老虎	关东煮	腌菜	热带鱼	葡萄

16	17	18	19	20
薄烤饼	马克杯	鱼钩	网球场	打雷
盐	芝士	纸箱	蜡笔	刀

图像传感器
练习①

3

1	2	3	4	5
冲浪	吊桥	观光车	担架	纸杯
柔术	职业摔跤	钢琴家	鲸鱼	巧克力

6	7	8	9	10
塑料袋	拳击手	阳伞	纸巾	接力棒
团子	图书馆	沙漠	瀑布	天狗

11	12	13	14	15
妖怪	笔记本电脑	星座	陷阱	灯泡
足球	室外浴场	地平线	慢跑	隧道

16	17	18	19	20
燕子	自动贩卖机	音乐剧	落叶	面包
蓝天	图画书	白衣	烧烤	派对

图像传感器
练习①

4

1	2	3	4	5
折纸	搅拌机	咖喱饭	尾巴	泥
壁炉	大豆	西蓝花	刷子	庆典

6	7	8	9	10
钟	武士	帐篷	宝石	电灯
电池	体操	萤火虫	龙	昆虫

11	12	13	14	15
轨道	日本落语	音乐会	轮胎	翅膀
马车	长椅	头盔	游泳	作家

16	17	18	19	20
化石	天国	铅笔	绷带	喇叭
砖块	跑鞋	柴火	海带	电波

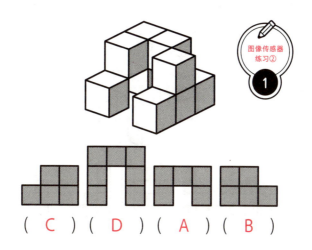

(C)　(D)　(A)　(B)

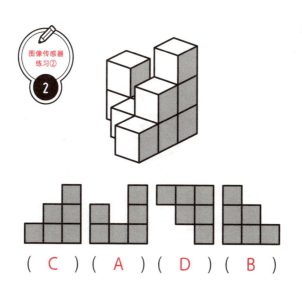

(C)　(A)　(D)　(B)

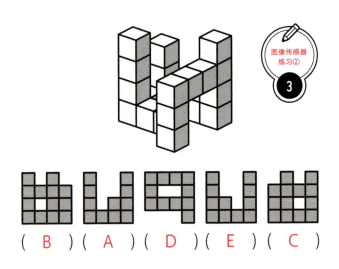

图像传感器
练习②

3

(B) (A) (D) (E) (C)

图像传感器
练习②

4

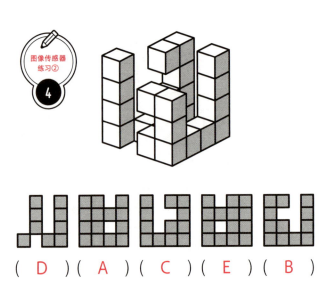

(D) (A) (C) (E) (B)

图像传感器 练习③ 1

又

图像传感器 练习③ 2

M

図像传感器 练习③ 3

↘7	→7	→7	↘2	→4	↑2	↓7	←4	↘7	→3
↘7	↑5	↘3	↘7	→5	↘7	↘4	←4	↘7	↘7
↘7	↗3	↘2	→3	↗1	↗2	↓3	↘1	→4	↘7
↑5	↘7	→3	↘6	↓1	↘7	→6	→6	↗1	↘7
↘7	↘1	→6	↑3	↗3	↗6	↘6	↘4	↘7	→5
↘7	→2	←5	↑3	↑1	↗3	→2	↑1	↓3	↘1
↘2	↘7	↘6	↘3	↘7	↗5	↗1	↗2	←4	→2
↘7	↘7	←2	↑4	↘6	↗6	↘5	↗3	↑6	↘4
↓3	↑3		←7	↘7	↗1	→5	↘7	→6	↓4
↘7	↑6	↓1	↗5	↗3	↘7	↗6	↓6	←7	↓7

図像传感器 练习③ 4

↓7	↗3	↘7	←2	↘7	↘1	↘7	↗2	↘3	↘7
↗6	↘6		↘7	↗7	↓7	↘3	←5	↗5	→7
←1	↘7	↘7	↘6	→5	↘7	↘2	↓6	↓3	↑6
→1	→3	↑1	↘7	↘7	↗6	↑1	↘2	↘1	↘7
↘7	↗6	→5	↑5	↘1	←4	↘7	↑3	↑4	↓3
↘6	↗1	←2	←1	↗3	↘7	↑7	↘7	↑6	↘2
↘7	↘7	↓5	↘7	↘7	↘7	↗3	↓2	↗3	←4
←3	↘7	↑3	↓1	→7	↘7	↘5	↘7	↗7	↓1
←4	↘7	↓5	↗1	↗2	↗4	↓6	←4	↘3	↘2
↓2	←7	↘6	↗6	→5	↗2	↑1	↘7	→3	↓3

图像传感器
练习③
5

R

图像传感器
练习③
6

请一边回忆第90页的短文，一边填入空格中缺少的词语。完成以后请翻回到第90页进行检查。

《旅途》萩原朔太郎

[   ]

[   ] 实在 [   ]

但不管怎样，

我还是能 [   ]

踏上一段 [   ]。

当 [   ]

我靠在 [   ]

独自 [   ]

把这 [   ]

留给即将 [   ]。

第 **5** 章

关联传感器练习

**关联传感器
练习**

1

将图案修改为正确的顺序

每一排都有5幅图案，请构想一个故事，按从左到右的顺序将这5幅图案串联起来。内容可以自由想象。

请给每一排都创造一个故事，每一排都想好之后，请将顺序打乱的图重新按顺序排列。

例题 请将下列图案按从左到右的顺序构想一个故事将它们串联起来。再仅凭记忆给被打乱后的图案重新按顺序编号。

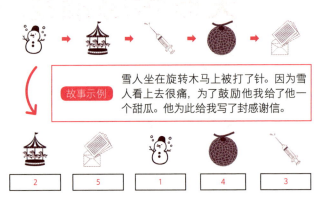

故事示例 雪人坐在旋转木马上被打了针。因为雪人看上去很痛，为了鼓励他我给了他一个甜瓜。他为此给我写了封感谢信。

2	5	1	4	3

请将框内的图标和词语、画像和名字尽可能联系起来。可以试图找出它们样子的相似处，也可以用故事将它们串联起来。找出它们的关联处后请仅凭回忆填入空格中缺少的词语。

例题 请将图画、标记或者词语串联起来。在找出它们的关联处后请思考空格中缺少的词语。

請將數字聯想為某一種相似的實物使數字形象化，並按順序構想一個故事將它們串聯起來。完成後請僅憑記憶填入空格中缺少的詞語或者數字。

關聯傳感器練習

3

將數字聯想為實物

例題 請將數字聯想為某一種相似的實物使其形象化，並按順序構想一個故事將它們串聯起來。完成後請將數字按正確的順序排列。

形象化例子　球拍　球　鴨子　屁股

故事例子　用**球拍（1）**擊出了**球（0）**，卻打在了**鴨子（2）**的**屁股（3）**上。

请构想一个故事按从左到右的顺序将一组5幅图案串联起来。内容可以自由想象。完成以后请翻到第129页。

关联传感器
练习①

1

关联传感器
练习 ①

2

请构想一个故事按从左到右的顺序将一组5幅图案串联起来。内容可以自由想象。完成以后请翻到第130页。

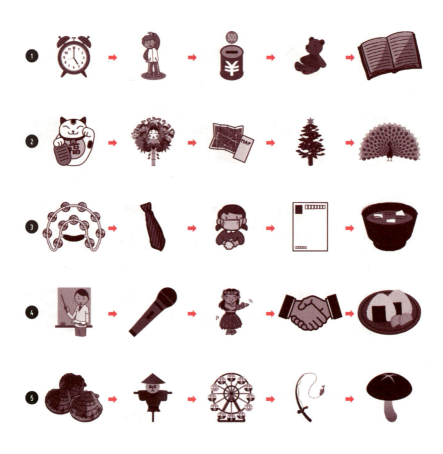

请构想一个故事按从左到右的顺序将一组5幅图案串联起来。内容可以自由想象。完成以后请翻到第131页。

请构想一个故事按从左到右的顺序将一组5幅图案串联起来。内容可以自由想象。完成以后请翻到第132页。

第125页中每一组图案的顺序都被打乱了。请回忆刚才构想的故事，给每一组的图案都标上正确的顺序。

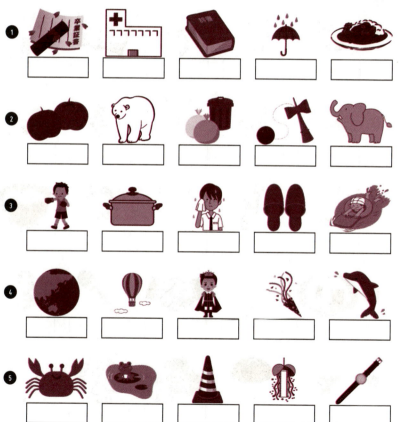

第126页中每一组图案的顺序都被打乱了。请回忆刚才构想的故事，给每一组的图案都标上正确的顺序。

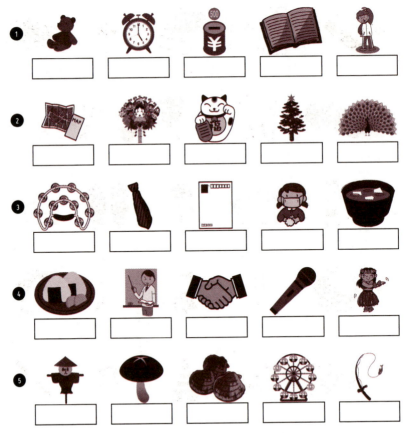

第127页中每一组图案的顺序都被打乱了。请回忆刚才构想的故事，给每一组的图案都标上正确的顺序。

第128页中每一组图案的顺序都被打乱了。请回忆刚才构想的故事，给每一组的图案都标上正确的顺序。

请通过找出相似的特征将框内的图标和下方的词语关联起来，记下之后请翻到第137页。

关联传感器练习 ②

1

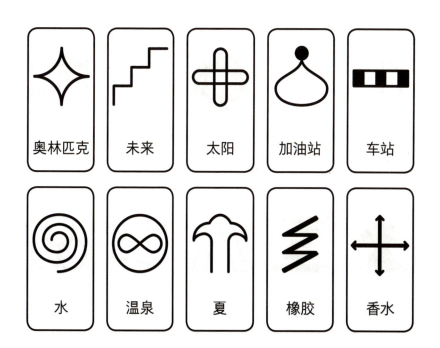

请通过找出相似的特征将框内的图标和下方的词语关联起来，记下之后请翻到第138页。

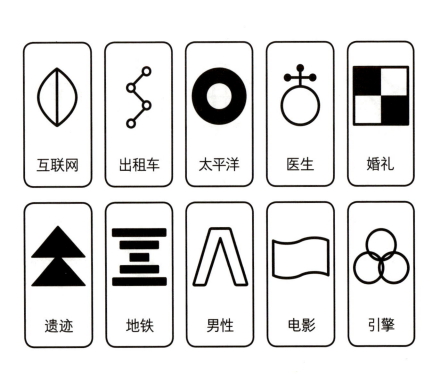

请通过联想将以下五人的画像和他们的名字联系起来，记下之后请翻到第139页。

记下之后请翻到第139页。

关联传感器
练习②

3

布鲁克琳
舍南

爱因斯
沃斯

樱井

平石

野尻

关联传感器
练习 ②

4

请通过联想将以下五人的画像和他们的名字联系起来，记下之后请翻到第140页。

远山

望月

贝德福特

羽田

尚恩
贝尔克

第133页的图标的顺序都被打乱了，请回忆刚才找到的特征，在图标下面填入匹配的词语。

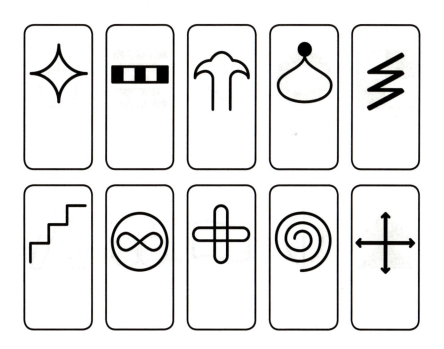

第134页的图标的顺序都被打乱了，请回忆刚才找到的特征，在图标下面填入匹配的词语。

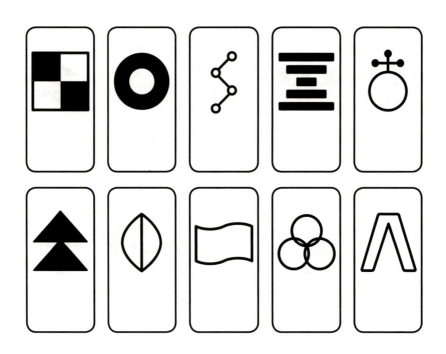

第135页的画像都被打乱了，请回忆刚才找到的特征，在图标下面填入匹配的名字。

关联传感器
练习②

3

第136页的画像都被打乱了，请回忆刚才找到的特征，在图标下面填入匹配的名字。

下列表格上方的词语分别与旁边的数字相似。请将上下的两个词语进行搭配，构想出包含有这两个词语的意象的画面来记住这两个词语。每组都完成以后请翻到第147页。

1 烟囱	**2** 鸭子	**3** 耳朵
大猩猩	滑冰	晾衣夹子

4 帆船	**5** 钥匙	**6** 樱桃
大象	削铅笔刀	味噌汤

7 锤子	**8** 雪人	**9** 网球拍
鸡蛋	引擎	番茄

下列表格上方的词语分别与旁边的数字相似。请将上下的两个词语进行搭配，构想出包含有这两个词语的意象的画面来记住这两个词语。每组都完成以后请翻到第148页。

1 铅笔	**2** 白鸟	**3** 嘴唇
苹果	太阳镜	胶水

4 弓箭	**5** 胖肚子	**6** 象鼻
恐龙	球	杠铃

7 飞镖	**8** 眼镜	**9** 蝌蚪
乌鸦	油漆	水瓶

请将下列每一组表格上方的数字联想为相似的实物，然后与下方的词语进行搭配，构想出一个有趣的画面来记住每一组的数字和词语。每组都完成以后请翻到第149页。

1	2	3
菠萝	香烟	辣椒

4	5	6
电风扇	锯子	蛋糕

7	8	9
东京塔	烟花	豆腐

请将下列每一组表格上方的词语与下方的数字搭配，构想一个有趣的画面来记住每一组的数字和词语。每组都完成以后请翻到第150页。

洗发水	萝卜	笔记本
5 瓶	1 根	4 册

电池	卷纸	番茄
7 节	2 个	3 个

毛巾	罐头	勺子
8 条	6 罐	9 把

表格下方的词语与表格中的数字相似。请利用这些词语构想一个故事按顺序记忆表格中的数字。完成以后请翻到第151页。

关联传感器
练习③

5

8	2	1	0	4	5	3
太阳镜	鸭子	球拍	球	帆船	胖肚子	屁股

请将下列数字转换为相似的实物，并利用这些实物构想一个故事按顺序记忆表格中的数字。完成以后请翻到第152页。

5	0	7	1	4	9	8

请回忆在第141页构想的画面，并填入表格中缺少的词语。

1:	**2**:	**3**:

4:	**5**:	**6**:

7:	**8**:	**9**:

关联传感器
练习 ③

2

请回忆在第142页构想的画面，并填入表格中缺少的词语。

5：	9：	6：

2：	7：	1：

4：	3：	8：

请回忆在第143页构想的画面，并填入表格中缺少的数字或词语。

2		
	电风扇	东京塔

5	**3**	
		烟花

		1
蛋糕	豆腐	

请回忆在第144页构想的画面，并填入表格中缺少的数字。

番茄	毛巾	电池

萝卜	勺子	罐头

笔记本	卷纸	洗发水

请回忆在第145页构想的故事，并填入表格中缺少的数字。

关联传感器
练习 ③

5

关联传感器
练习 ③

6

请回忆在第146页构想的故事，并填入表格中缺少的数字。

● 关联传感器练习答案

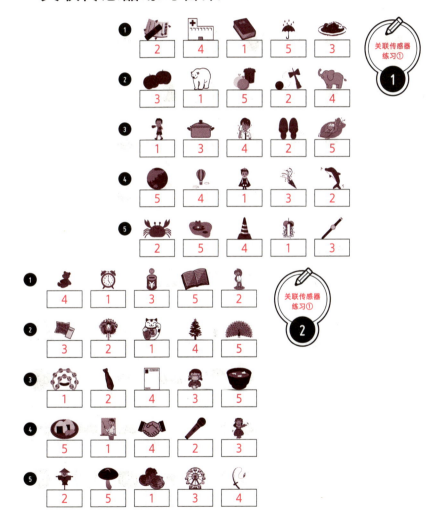

关联传感器练习①
1

1
| 2 | 4 | 1 | 5 | 3 |

2
| 3 | 1 | 5 | 2 | 4 |

3
| 1 | 3 | 4 | 2 | 5 |

4
| 5 | 4 | 1 | 3 | 2 |

5
| 2 | 5 | 4 | 1 | 3 |

关联传感器练习①
2

1
| 4 | 1 | 3 | 5 | 2 |

2
| 3 | 1 | 4 | 5 |

3
| 1 | 2 | 4 | 3 | 5 |

4
| 5 | 1 | 4 | 2 | 3 |

5
| 2 | 5 | 1 | 3 | 4 |

关联传感器
练习①

3

1 | 4 | 1 | 2 | 3 | 5 |

2 | 3 | 2 | 1 | 4 | 5 |

3 | 1 | 2 | 3 | 4 | 5 |

4 | 2 | 3 | 4 | 5 | 1 |

5 | 4 | 3 | 5 | 2 | 1 |

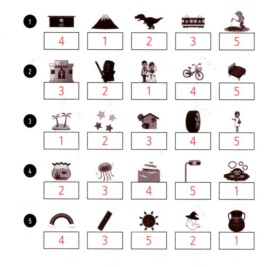

关联传感器
练习①

4

1 | 3 | 2 | 4 | 5 | 1 |

2 | 5 | 1 | 2 | 4 | 3 |

3 | 5 | 4 | 3 | 2 | 1 |

4 | 4 | 1 | 2 | 5 | 3 |

5 | 2 | 4 | 1 | 5 | 3 |

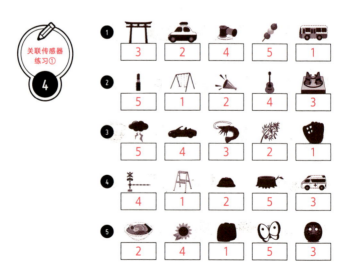

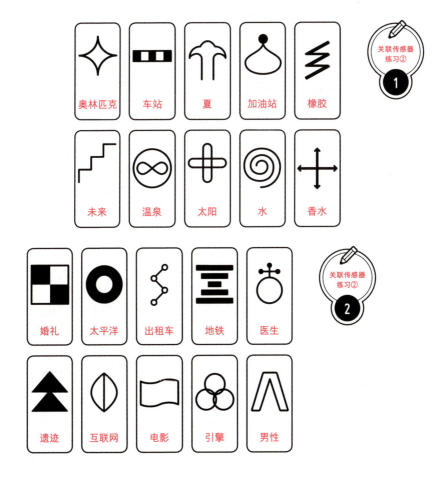

关联传感器
练习②

3

平石

野尻

布鲁克琳
舍南

樱井

爱因斯
沃斯

关联传感器
练习②

4

尚恩
贝尔克

贝德福特

望月

远山

羽田

1 烟囱	2 鸭子	3 耳朵
大猩猩	滑冰	晾衣夹子

4 帆船	5 钥匙	6 樱桃
大象	削铅笔刀	味噌汤

7 锤子	8 雪人	9 网球拍
鸡蛋	引擎	番茄

关联传感器
练习③
1

5 胖肚子	9 蝌蚪	6 象鼻
球	水瓶	杠铃

2 白鸟	7 飞镖	1 铅笔
太阳镜	乌鸦	苹果

4 弓箭	3 嘴唇	8 眼镜
恐龙	胶水	油漆

关联传感器
练习③
2

2	4	7
香烟	电风扇	东京塔

关联传感器
练习③

3

5	3	8
锯子	辣椒	烟花

6	9	1
蛋糕	豆腐	菠萝

番茄	毛巾	电池
3 个	8 条	7 节

关联传感器
练习③

4

萝卜	勺子	罐头
1 根	9 把	6 罐

笔记本	卷纸	洗发水
4 册	2 个	5 瓶

8	2	1	0	4	5	3
太阳镜	鸭子	球拍	球	帆船	胖肚子	屁股

关联传感器 练习③ 5

故事例子

戴着太阳镜（8）的鸭子（2）用嘴里叼着的球拍（1）击打出了球（0）。球打在了帆船（4）上一个腆着胖肚子（5）的人的屁股（3）上。那人为此跌进了海里。

5	0	7	1	4	9	8

关联传感器 练习③ 6

故事例子

试着把钥匙（5）插进门锁的孔（0）眼里，但完全打不开门，于是找了把斧头（7）砸开了门进了屋。屋里很暗，所以点了根蜡烛（1），发现房里有一些装饰用的小旗子（4），旗子上似乎还画着什么小玩意儿。用放大镜（9）一看，原来上面画着小小的雪人（8）。